MÉMOIRE

SUR

L'ASTRONOMIE NAUTIQUE;

Et particuliérement fur l'utilité des méthodes graphiques pour le calcul de la longitude à la mer , par les diftances de la lune au foleil & aux étoiles.

PAR LE CITOYEN ROCHON,

Membre ~~de la première claffe~~ de l'Inftitut national de France , & directeur de l'Obfervatoire de la marine au port de Breft.

> Os homini fublime dedit, cœlumque tueri
> Juffit, & erectos ad fidera tollere vultus.
> *Ovid. Metam. lib. I. fab* 11.

L'ASTRONOMIE nautique eft le vrai guide du navigateur ; cette fcience n'eft ni difficile ni étendue ; elle fe borne aux premiers élémens de l'aftronomie , & à la folution de quelques triangles fphériques, qui donne aux marins, avec la précifion requife à la fûreté de la navigation , la latitude, la longitude, l'heure & la variation de l'aiguille aimantée. Mais fi cette fcience n'a pas de limites plus étendues , fi elle eft auffi circonfcrite dans fes ufages , elle n'en mérite pas moins, par fon utilité , de fixer l'attention des favans ; auffi voyons-nous que des hommes profondément verfés dans l'étude des fciences exactes , n'ont pas dédaigné de s'en occuper. Ils ont fait plus , ils ont cherché , par des méthodes indirectes

& graphiques, à se mettre à la portée du commun des navigateurs. Il est sans doute affligeant de penser que l'art de descendre à la portée du commun des hommes ne soit pas sans quelques difficultés; c'est une triste vérité que les savans du premier ordre ne sentent peut-être pas aussi vivement que des hommes moins instruits. J'ai cru reconnoitre que des savans justement célèbres par l'étendue de leurs connoissances, n'avoient pas toujours été aussi utiles qu'ils eussent dû l'être, s'ils eussent mieux jugé, s'ils eussent mieux connu l'influence d'une éducation négligée sur la grande majorité des hommes. On pourroit dire plus; mais c'est ici le cas de s'arrêter, & de montrer uniquement que des hommes, qui dès la plus tendre enfance ont appris à regarder des chimères comme des réalités, & à prendre des absurdités pour des vérités, ont souvent besoin, dans les choses qui leur sont absolument nécessaires, des moyens proportionnés à leurs foibles conceptions; & pour me rapprocher du but que je me propose, je citerai pour exemple les efforts que le citoyen Lalande a été forcé de faire récemment pour calmer la terreur occasionnée dans toute l'étendue de la République par le grand éclat de Vénus, que l'on prenoit pour une comète qui préfageoit les plus terribles calamités. La célébrité de cet astronome a à peine suffi, non pour éteindre, mais pour calmer les fâcheuses impressions que l'apparition de cette planète avoit causées. Tout autre peut-être y auroit échoué, tant les choses tiennent à la renommée. C'en est assez, revenons à la science nautique.

L'art du pilotage consiste à conduire un vaisseau d'un port dans un autre, quelle que soit leur distance respective; la partie de l'art qui concerne l'entrée & la sortie des ports, la navigation à la vue des côtes, la connoissance des écueils & des mouillages ne sont pas susceptibles de préceptes, la perfection des cartes dans le détail & la longue expérience des marins, sont les seuls secours que l'on ait dans ce genre.

Il n'en est pas de même de la navigation en pleine mer : une fois la pofition refpective des différens lieux déterminée ou par l'eftime répétée des voyageurs, ou, mieux encore, par des obfervations aftronomiques, on faura la quantité de chemin qu'il faudra faire pour fe rendre dans un lieu donné, & en même temps la direction qu'il faudra fuivre. Les pilotes mefurent le chemin que l'on a fait par le lock ; la bouffole corrigée de la variation leur indique la direction qu'ils doivent prendre, il ne leur refte donc plus qu'à rapporter fur les cartes marines le réfultat de ces deux opérations, pour en déduire la pofition du lieu où ils devroient être, fi ces opérations étoient fufceptibles de précifion, & fi les courans n'en augmentoient pas l'incertitude. Mais comme ce tranfport de la route fur la carte demande & exige des répétitions trop fréquentes, vu l'inconftance des vents & la variété de la route qui en eft une fuite, on a cherché à fubftituer une méthode plus commode : de-là le quartier de réduction, au moyen duquel on décompofe la route du vaiffeau dans le fens de la longitude & dans celui de la latitude. Cet inftrument, qui donne la folution de tous les triangles rectangles, eft tellement ufité dans la marine, que l'on ne fauroit rendre un plus grand fervice que d'en étendre les applications & l'ufage, & de le faire fervir aux problêmes les plus difficiles de l'aftronomie nautique ; c'eft là le but que je me fuis propofé, & l'inftitut jugera fi mes effais ont eu quelques fuccès.

Je fais bien que l'on peut faire les opérations que je viens d'indiquer par le calcul ; mais lorfque le navigateur ne connoît pas les principes des trigonométries rectilignes & fphériques, les tables des logarithmes & des finus ne font plus dans fes mains qu'une efpèce de méthode graphique ; & pourquoi chercher à le priver d'un inftrument qui fuffit à fes befoins, & dont l'ufage lui eft fi familier ? Que ceux qui cherchent à changer trop fubitement les habitudes des hommes, les connoiffent peu ! Je fuis forcé de le dire pour la fûreté de la navigation & le falut du navigateur, il eft de la plus haute importance de leur permettre d'employer les anciennes me-

fures, jufqu'au temps où ils feront affez familiarifés avec les nou-
velles, pour qu'il n'y eût point à craindre erreur & confufion. Quel
reproche n'aurois-je pas à me faire, fi je n'avois pas le courage
d'avertir d'un danger auffi éminent ! du moins il eft tel à mes
yeux, & je defire que des hommes plus clairvoyans me démon-
trent que je fuis dans l'erreur.

N'avons-nous pas vu de nos jours la frégate *la Médufe*, capitaine Tanouarn, s'égarer dans la mer des Indes de la manière la
plus étrange, parce que le pilote avoit ajouté la déclinaifon au lieu
de la fouftraire, ou l'avoit fouftraite au lieu de l'ajouter ? Ce bâ-
timent fe trouva en 1787 près de l'entrée de la mer Rouge, fe croyant
peu éloigné de l'Ifle de-France. Ce fut l'apparition de l'étoile du nord
qui démontra avec la dernière évidence que ce vaiffeau étoit dans le
nord au lieu d'être dans le fud de la ligne. A cette époque, le
capitaine Tanouarn étoit très-dangereufement malade, & on ne
peut pas fans injuftice lui imputer cette dangereufe & étonnante
erreur. Le navigateur n'y feroit pas expofé, fi le citoyen Lalande,
qui rédige la connoiffance des mouvemens céleftes, vouloit déformais donner la diftance du foleil au pôle, au lieu de fa déclinaifon.

J'ai dit que les opérations qui fe font faites jufqu'à ce jour par
le quartier de réduction, n'étoient qu'un fimple corollaire des fo-
lutions que l'on obtient par la trigonométrie rectiligne des triangles rectangles. Mais, quoique le calcul foit plus rigoureux dans
tous les cas que la folution donnée par cet inftrument, il eft évi-
dent que les inexactitudes attachées au lock & à la bouffole rendent le degré de précifion que l'on obtient par la trigonométrie abfolument inutile.

Quelques Mécaniciens ont cherché à perfectionner le lock. Ils
n'ont fait qu'imiter plus ou moins parfaitement l'efpèce de balance
propre à mefurer l'impulfion qui a été décrite par Bouguer, fans
fonger que le remoux du vaiffeau fait éprouver de grandes varia-

tions aux corps qui en font plongés trop près : c'eſt cette confi-
dération qui engage à préférer dans la marine le lock ordinaire ,
& celui à forme conique de Bouguer , à tous ceux qui ont été
propofés depuis ce célèbre académicien. D'ailleurs les courans &
la variation de la bouffole rendent toujours l'eſtime incertaine ; &
ce feroit peu connoître les befoins de la navigation , que de fe
perfuader que le perfectionnement de cet inſtrument importe à fa
fûreté. C'eſt l'aſtronomie nautique qui peut feule fervir de guide
affuré au navigateur ; c'eſt elle feule qui redreffe en même temps
les erreurs inévitables du lock, de la bouffole , des dérives & des
déviations que l'on éprouve par les courans. La connoiſſance exacte
de la latitude eſt ſtrictement ce qu'il faut au navigateur ; il ne peut
pas fe paffer de cette connoiſſance ; & c'eſt l'obfervation méridienne
des aſtres , dont il connoît la déclinaifon , qui la lui procure. Je
vais entrer à ce fujet dans quelques détails qui peuvent être fuper-
flues pour l'inſtitut , mais qui ne le feront pas pour les marins.

Lorſque par la hauteur méridienne d'un aſtre dont la déclinaifon eſt
donnée, les marins prennent le plus ordinairement le foleil , le pilote
a reconnu que le vaiffeau étoit par la latitude obfervée du port
où il lui importe d'aborder ; alors il fe croit affuré de trouver
ce port , en dirigeant fa route vers l'eſt ou vers l'oueſt , en fe
maintenant en latitude , de manière que la terre qu'il rencontrera
ne puiffe être éloignée que de quelques minutes , afin d'éviter
toute méprife fur le vrai lieu où il lui importe de fe rendre.
Mais tout navigateur prudent a grand foin , avant de fe mettre
en latitude , de fuppofer qu'il peut avoir une grande erreur en
longitude , & cette incertitude s'élève felon les parages qu'il a à
traverfer , & la longueur de la route , jufqu'à cent myriamètres &
plus (250 lieues). Dès qu'il fort du port , il prend fes difpofitions
en conféquence , pour être à cent myriamètres , plus ou moins ,
au vent du lieu de l'atterage.

Cependant, malgré la fimplicité de cette opération , malgré la facilité de cette manœuvre, nous avons encore vu de nos jours des vaisseaux manquer leur mission; & les exemples en font assez fréquens, assez nombreux, pour qu'il ne soit pas possible d'en faire ici l'énumération. D'ailleurs, nous ne nous occuperons point de la latitude ; tous les livres élémentaires de la navigation entrent sur ce sujet dans des détails qui ne nous permettent pas d'en entretenir plus long-temps l'institut. Il est cependant une question qui a été le sujet d'un prix fondé par le célèbre Raynal. L'académie des sciences proposa en 1791, d'après le consentement du fondateur, la question suivante : *Déterminer à la mer la latitude, par une méthode sûre, à la portée du commun des navigateurs, & qui ne suppose pas l'observation immédiate de la hauteur méridienne de l'astre.*

Ce prix ne fut pas adjugé, parce que l'académie des sciences fut dissoute à cette époque; mais nous pensons que le citoyen Maingon, lieutenant de vaisseau, l'auroit remporté, d'après le mémoire & la carte imprimée qu'il a publié à ce sujet. Nous connoissons, depuis l'année 1771, la méthode de Dowes, & nous convenons qu'il a cherché à rendre à la marine un service essentiel ; mais, nous le répétons, celle du citoyen Maingon est plus à portée du commun des navigateurs, & par conséquent beaucoup plus utile. Quoiqu'il en soit, l'observation de la latitude par la hauteur méridienne des astres, exige si peu de précision, que dans notre jeunesse nous avons vu les pilotes se servir de l'arbalestrille & du quart nonante, pour prendre hauteur. A peine faisoit-on usage de l'octant de Hadley. Ce n'est que depuis qu'on a entrepris de procurer au navigateur la longitude par les distances apparentes de la lune au soleil, ou à une étoile, qu'on s'est encore occupé de perfectionner cet ingénieux & utile instrument.

La méthode des distances de la lune au soleil, ou à une étoile, fut d'abord proposée par Kepler, & ensuite adoptée par Halley & la Caille, qui en firent usage, ainsi que tous les astronomes qui ont navigué depuis. Le docteur Maskeline, envoyé à Sainte-Hélène en 1761, pour

obſerver le diſque du ſoleil , ayant éprouvé cette méthode, le recom-
manda aux marins dans un ouvrage imprimé à Londres en 1763 , ayant
pour titre : *British mariners guide.* Ce fut en 1767 que je fis les premières épreuves de ce moyen de déterminer à la mer la longitude.
J'étois embarqué ſur le vaiſſeau l'*Union* , où le général Breugnon
paſſoit ambaſſadeur à Maroc. Je fis dans ce voyage pluſieurs
obſervations d'éclipſes de ſatellites de Jupiter , ſur une chaiſe ſuſ-
pendue comme la lampe de Cardan : ma lunette étoit armée d'un
verre dépoli, qui me faiſoit retrouver Jupiter avec célérité, lorſque
le timonier me le faiſoit perdre par des *hollophées* ou des *arrivées.*
Je joignis à ce genre d'obſervations un aſſez grand nombre d'obſervations de diſtance , que je fus forcé de calculer par des méthodes
directes , & en cherchant le lieu de la lune par les tables de Mayer.
Les règles de ce calcul , que j'ai donné en 1768 dans un ouvrage
imprimé à Breſt, qui a pour titre : *Opuſcules Mathematiques,* ne ſont
certainement pas à la portée du commun des navigateurs. On l'a
bien ſenti, & on a donné depuis aux marins la diſtance calculée
de la lune au ſoleil & aux principales étoiles, de trois heures en
trois heures. On trouve dans mes Opuſcules un mémoire que je
préſentai à l'académie en 1766, ſur la théorie générale de tous les
inſtrumens qui peuvent ſervir à la mer à la meſure des angles,
depuis l'arbaleſtrille juſqu'au ſextant ; & ce qui peut fixer peut-être un
moment l'attention de l'inſtitut , c'eſt que l'on y trouve des inſtrumens abſolument inconnus , & que l'on voit avec quelle facilité
les inſtrumens les plus différens ſe déduiſent les uns des autres :
c'eſt dans ce mémoire que l'on reconnoît le premier uſage que
j'ai fait des primes achromatiques pour la meſure des angles.
L'on ſait que j'ai donné depuis une grande extenſion à ce travail
par la meſure préciſe des petits angles , au moyen de la double
réfraction du criſtal de roche ; j'avoue franchement que je ne
ſongeois pas alors à la propriété du cercle dont Tobie Mayer &
le feu duc de Chaulnes firent depuis un uſage ſi utile , le premier dans

fon cercle à mefurer les angles, & le fecond dans fa machine à divifer.

Le cercle de Mayer paffant par les mains habiles de notre collègue Borda, eft devenu, aux moyens de la difpofition qu'il a donnée aux miroirs, & de l'efpèce d'obfervation qu'il a imaginée, le plus parfait & le plus utile inftrument pour la mefure précife des grands angles, tant fur terre que fur mer. Il n'eft peut-être pas, dans le feul cas d'une obfervation ifolée, le plus commode; mais on eft bien affuré qu'à la mer, on peut prendre déformais des diftances exemptes d'erreurs fenfibles. Il n'y a donc plus que les erreurs des tables à redouter; & l'on fait que, par les travaux des géomètres & des aftronomes, ces erreurs ne peuvent pas influer fenfiblement fur la fûreté de la navigation. La conftruction de ces favantes tables donne des droits à la reconnoiffance des nations, à Neuton, aux Euler & Lagrange, à Tobie Mayer, d'Alembert, Clairaut & Laplace. On ne peut pas, fans ingratitude, paffer fous filence les nombreufes obfervations de notre collègue Lemonnier, ce refpectable patriarche de l'aftronomie, qui s'eft particulièrement attaché à redreffer les erreurs des tables de la lune, pendant le long cours d'une vie prefque toujours confacrée aux progrès de l'aftronomie & de la fcience nautique.

Nous avons dit que la connoiffance de la latitude fuffifoit ftrictement, ou plutôt facilitoit dans la plupart des cas au navigateur les moyens de fe rendre d'un port dans un autre; mais nous n'avons pas fait voir les fervices que la connoiffance de la longitude pouvoit lui rendre. On fent d'abord qu'elle peut & qu'elle doit abreger les traverfées, puifque dès-lors la route peut être directe, au lieu d'être indirecte; mais que de dangers n'évite-t-on pas lorfqu'on eft affuré du lieu où l'on eft, fur-tout en temps de guerre, où la crainte de fe perdre à la côte par les erreurs inévitables de l'eftime, oblige de faire peu de voiles la nuit, lorfqu'on fe croit près de l'atterage? Il eft encore des côtes qui font fenfiblement par la

même

même latitude ; telles sont, par exemple, les côtes d'Espagne, depuis Saint-Sébastien jusqu'au cap Finistère : dans ce cas, la connoissance de la latitude ne suffit pas pour arriver au port où l'on veut jeter l'ancre ; mais si, par exemple, on a intérêt de se rendre à l'Isle de France, & que l'ennemi ait établi sa croisière au vent, entre Rodrigue & l'Isle de France, comment y arrivera-t-on sans la connoissance précise de la longitude, qui peut seule permettre d'attaquer l'isle à la bordée, ou même un peu sous le vent avant de s'être mis en latitude ? Si l'on n'a point cette connoissance, on est pris par l'ennemi, ou bien l'on manquera l'isle, du moins on en courra l'éminent danger. Je vais citer quelques faits qui me sont personnels ; plusieurs navigateurs peuvent en produire d'autres non moins concluans : ils n'ont pas peu contribué, par leur autenticité, à inspirer aux marins le desir d'acquérir ces salutaires connoissances. Ces faits se sont passés sur différens bâtimens sur lesquels j'ai été embarqué depuis 1768 jusqu'en 1774. Sur la flute *la Normande*, nous avons gagné Rodrigue à l'air de vent ; sur *l'Heure du Berger* où j'étois employé pour fixer la position des îles & écueils qui séparent la mer des Indes de la côte de Coromandel & de l'Isle de France : c'est aux observations de distances que les deux corvettes, *l'Heure du Berger* & le *Verd-Galant*, dûrent leur salut, tant sur Ceylan que sur les îles Adu & Candu. Ces îles, ou plutôt ces écueils, sont au nombre de douze, & sont situés par la latitude méridionale, de cinq degrés six minutes. Ces mêmes observations rendirent le même service au vaisseau le *Villevaut*, qui, du cap de Bonne-Espérance, gagna à l'air du vent l'île de l'Ascension & les Açores : une tempête affreuse, à la vue de ces îles, nous fit arriver à l'atterage de l'orient dans l'état le plus déplorable ; & au moment où l'on alloit sonder, nous reçûmes, au voisinage de la Roche-la-Chapelle, un coup de mer effroyable. Notre vaisseau fut un moment engagé ; il fallut que le capitaine Maugendre prit sur-le-champ le parti de se réfugier à la Corogne, les vents étant au nord-est, & le vaisseau coulant bas d'eau. Le moindre retard dans la route nous expofoit à un naufrage ; il falloit attaquer la rade de la Corogne par l'air de vent : des obfervations multipliées nous rendirent ce fignalé fervice, fur une côre où la feule connoiffance de la latitude eft infuffifante, parce que la côte fe prolonge de l'eft à l'oueft.

Il eft un autre fait qui n'eft pas moins concluant, & dont le vice-amiral Rofily, officier très-inftruit, a une parfaite connoiffance. Nous étions embarqués l'un & l'autre fur le vaiffeau *le Berryer*, commandé par le contre-amiral Kerguelen. Le vaiffeau éprouva, depuis le Cap de Bonne-Efpérance jufqu'aux parages des vents généraux, une erreur de cent trente lieues dans fon eftime : s'il s'étoit mis en latitude, il tomboit fous le vent des Ifles de France & de la Réunion ; & fans la variation de l'aiguille aimantée, qui, dans ces parages, indique affez bien la longitude, il auroit pû fe perdre fur Madacafcar ; mais les obfervations de diftance de la lune au foleil, auxquelles le capitaine Kerguelen n'ajoutoit pas une grande confiance, le forcèrent cependant d'abandonner, en virant de bord, le parage des vents généraux, pour chercher, avec des vents variables, à fe mettre au vent de l'Ifle de France, & à gagner le port du nord-oueft de cette ifle à la bordée : c'eft ce qu'il obtint par mes obfervations, & à l'aide d'une excellente horloge marine de Ferdinand Berthoud, que les navigateurs doivent regarder comme l'un de leurs plus zélés bienfaiteurs. Je me félicite d'avoir trouvé cette occafion de lui témoigner devant l'inftitut, dont il eft membre, le tribut d'éloge qui eft dû à fon zèle & à fes talens de la part de tous ceux qui s'intéreffent aux progrès de la fcience nautique. Ici on doit faire une mention honorable des recherches du frère de notre collègue Le Roy & du citoyen Louis Berthoud, dont les montres marines font des chef d'œuvres. Je n'ai rien vû, je n'ai rien éprouvé en ce genre de plus parfait que les derniers gardes-temps que Louis Berthoud vient de livrer à la marine. Tout ce qui a rapport aux horloges marines, tout ce qui concerne la manière de prendre l'heure à la mer & de la calculer, fera amplement traité dans un mémoire féparé, que je ne peux pas publier dans ce moment, mais qui le fera, lorfque j'aurai fuivi pendant plus de temps la marche des gardes-temps qui font à Breft, & que le citoyen Martin, élève de Ferdinand Berthoud, répare dans ce moment. Il eft douloureux de penfer que des inftrumens auffi précieux, qui doivent être fi utiles à la navigation & au perfectionnement des cartes hydrographiques, qui ont enfin coûté tant de peines & tant d'argent, aient été totalement abandonnés dans les ports, & qu'au départ de notre armée navale pour l'expédition d'Irlande, il n'y en ait pas eû une feule en état de rendre des fervices. Je dis plus : parce qu'on a embarqué fur cette efcadre l'horloge marine n°. 8, de Ferdinand Berthoud, qui n'a été réparée que vingt-quatre heures avant le départ de l'armée, & une petite horloge marine, qui, par quelques frottemens dans l'échappement, s'arrêtoit dans tous les tranfports. On en a conclu que ces inftrumens avoient été plus nuifibles qu'utiles pour la direction de la route de la frégate fur laquelle le général en chef étoit embarqué : une telle défaveur eft bien nuifible aux arts & aux fciences ; elle ne devroit pefer que fur ceux qui devroient faire tenir en bon état des inftrumens fi utiles à la fûreté de la navigation, & au perfectionnement des cartes marines. Mais de tels accidens n'arriveront plus déformais dans le principal port de la République, le directoire exécutif & le miniftre de la marine, le citoyen Pleville-le-Peley, qui eft très-fortement difpofé à perfectionner un art où il s'eft diftingué, ont pris des mefures pour faire renaître à Breft le goût de l'inftruction, en ordonnant qu'il foit élevé dans le moindre délai un obfervatoire.

On a peine à concevoir, & les gens éclairés ne le conçoivent pas, qu'un port auffi important que le principal arfenal des forces maritimes de la République, foit privé d'un établiffement auffi néceffaire. Depuis plus de trente années le terrain pour élever cet édifice eft acquis par la marine ; tous les matériaux font à pied d'œuvre ; la thiourme fournit des bras fans dépenfe & avec profufion ; des bois de conftruction de rebut fuffifent pour la charpente, & tous les aménagemens intérieurs & extérieurs : avec ces reffources, peut-on fe figurer qu'on ait été de tout temps privé d'un lieu propre à vérifier les inftrumens deftinés à prendre les diftances, & les compas de route & de variations, enfin à connoître la marche des horloges marines ? Depuis le voyage à Breft du vice-amiral Truguet, alors miniftre, on a élevé par fon ordre un petit obfervatoire en bois, où l'on commence déjà à faire des obfervations utiles à la navigation. Un habile profeffeur, le citoyen Lancelin, particulièrement connu de nos collègues Borda & Laplace, doit ouvrir, ou a déja ouvert, un cours d'aftronomie nautique : les officiers qui cherchent à s'inftruire y accourent avec zèle; & ils attendent avec impatience que le principal établiffement foit élevé, afin de fe procurer toutes les connoiffances que l'art du navigateur exige. Certes, la plus utile application de l'aftronomie, de cette fcience fublime qui enfeigne aux hommes à connoître les mouvemens des corps céleftes, eft de pouvoir diriger le navigateur dans fa route. Il eft inutile que je cherche à pénétrer l'inftitut de cette vérité ; il en eft auffi convaincu que je puis l'être ; mais comme fes confeils font du plus grand poids, je le follicite en ce moment, au nom de l'humanité, au nom du falut du navigateur, au nom enfin de la marine entière, à engager le Directoire, & particulièrement le citoyen la Reveillère-Lepaux, dont tous les foins, dont tous les vœux pour l'inftruction publique font fans ceffe dirigés vers les fciences utiles, de continuer à s'intéreffer au fuccès d'un établiffement dont ils fentent bien vivement l'importance, puifque la vie des hommes, le falut du navigateur en dépendent.

L'on fait que le citoyen Maingon, lieutenant de vaiffeau, n'a fait fon quartier de réduction & fa carte trigonométrique, qui facilite la converfion de la diftance apparente en diftance vraie, que par l'accueil diftingué que le citoyen Truguet lui fit à Breft, & par le vif intérêt que ce miniftre montra dès-lors aux progrès de l'aftronomie nautique. C'eft un hommage que je lui dois fous tous les rapports, & que je me plais à lui rendre.

· La réduction de la diftance apparente de la lune au foleil, ou à une étoile, eft l'opération fondamentale de la fcience des longitudes. Elle peut s'opérer par le calcul ou par des moyens graphiques. Nous allons examiner le moyen qui eft à préférer pour le commun des navigateurs.

Le méridien eft un grand cercle de la fphère qui paffe par le pole & par le zénith. Tous les pays qui n'ont pas le même méridien diffèrent en longitude. Si on choifit l'obfervatoire de Paris pour premier méridien, alors on nommera longitude la différence qui fe trouve entre le méridien de tout autre lieu & celui de l'obfervatoire. Il fuit dela que la longitude peut être orientale ou occidentale. Elle eft orientale lorfque le foleil paffe au méridien de ce lieu plutôt qu'à Paris, elle eft occidentale lorfqu'il y paffe plus tard. Il ne peut donc y avoir plus de douze heures, ou cent quatre-vingt degrés entre l'obfervatoire de Paris & un lieu quelconque de la terre ; il fuit encore de cette même définition que tout phénomène, qui arrive & fe voit au même inftant dans toutes les parties du monde fert à donner la longitude, tels font les éclypfes de lune & de fatellites de Jupiter.

Prenons pour exemple une éclypfe de lune. La connoiffance des mouvemens céleftes annonce le commencement d'une éclypfe de lune le 12 prairial an 6, pour quatre heures 36 minutes du foir, je ne la vois à la mer qu'une heure plus tard, d'où je conclus que je fuis à une heure ou à quinze degrés de longitude à l'occident de Paris. Si je me trouve au contraire dans un lieu où le commencement de cette éclipfe paroît une heure plutôt qu'à Paris, il eft palpable qu'alors ma longitude fera encore d'une heure ou de quinze degrés à l'eft du méridien de l'Obfervatoire de Paris. Mais une éclipfe de lune n'eft occafionnée que parce que le corps opaque de la terre intercepte les rayons du foleil qui éclairent la lune ; il faut donc alors que le foleil la terre & la lune foient dans le même alignement. Ainfi la diftance angulaire de la lune au foleil, par rapport à la terre, eft dans ce cas de cent quatre-vingt degrés. On conçoit donc que fi la connoiffance des mouvemens céleftes donnoit à tous les inftans la diftance-angulaire de la lune au foleil, par rapport au méridien de l'Obfervatoire, c'eft comme fi elle donnoit au navigateur une éclipfe de lune à tous les momens pour lui indiquer la longitude. Mais on fent auffi que le navigateur eft alors forcé de prendre la diftance angulaire de la lune au foleil avec une grande exactitude, par un cercle à reflexion, fabriqué par le citoyen Lenoir, dont l'Inftitut connoît les talens, s'il veut fe diriger & fe conduire fûrement dans les déferts dangereux du vafte Océan. La connoiffance des mouvemens céleftes ne donne, il eft vrai, que de trois heures en trois heures la diftance angulaire de la lune au foleil ou à une étoile, car c'eft abfolument la même chofe; mais par une fimple proportion on a cette diftance pour tous les inftans, il ne refte plus qu'une difficulté & c'eft celle qui arête les progrès de la fcience des longitudes; les aftres ne paroiffent à leur vraie place qu'au zénith, ainfi les diftances que l'on prend font apparentes & non réelles; c'eft cette réduction de diftances apparentes en diftances vraies qui fait ici la difficulté. Ces déplacemens font occafionnés par l'effet de la parrallaxe & celui de la réfraction. On a des tables commodes qui donnent cette correction; mais on doit reconnoitre qu'alors le triangle fphérique eft changé. Le premier triangle eft formé par les verticaux des deux aftres & par leurs diftances apparentes. Or, les trois côtés de ce triangle étant connus par l'obfervation, on a, par les premières règles de la trigonométrie, l'angle au zénith. Si on corrige donc la pofition de chaque aftre dans fon vertical, de l'effet de la parallaxe & de la réfraction, on aura un nouveau triangle dont on connoît l'angle & les deux-côtés adjacens; & par les règles ordinaires de la trigonométrie on trouvera la diftance vraie de la lune au foleil. Telle eft la méthode que la trigonométrie fournit directement pour convertir en-diftance vraie, la diftance apparente. Elle en fournit d'autres qui font d'un ufage plus commode, mais elles ne montrent pas au-marin qui s'en fert, auffi nettement, le problème qu'on lui fait réfoudre. Nous ne parlerons pas ici de ces méthodes indirectes, elles ont été traitées avec la plus grande généralité par le citoyen Lévêque, auteur d'un bon ouvrage qui a pour titre : le Guide du Navigateur. On trouve dans la connoiſſance des tems de l'an ſix, l'extrait d'un excellent mémoire de ce ſavant hydrographe, qui a pour titre : *Théorie des différentes methodes trigonometriques , employées par les navigateurs pour réduire la diſtance apparente des centres des aſtres obſervés à leur diſtance vraie pour le calcul des longitudes, & expoſition de pluſieurs autres methodes, toutes fondées ſur la même propriete des triangles ſphériques.*

Le citoyen Lévêque ſe propoſe encore de donner une plus grande extenſion à ce travail, & certes, le navigateur inſtruit ne peut pas avoir un guide plus habile & plus verſé dans tout ce qui a rapport à la ſcience nautique. C'eſt un hommage que les hommes qui s'intéreſſent aux progrès de la ſcience nautique lui doivent ; mais moi qui ne cherche dans ce mémoire qu'à deſcendre à la portée du commun des navigateurs , je dois renoncer à entretenir l'Inſtitut de tout ce qui peut préſenter quelques difficultés ou quelqu'embarras à des marins , qui ne ſont pas initiés dans les premiers principes des ſciences exactes : je dois m'occuper de leur indiquer la méthode graphique la plus appropriée à leur beſoin & la plus facile à apprendre & à retenir. Ici il ne peut être queſtion d'une méthode rigoureuſe. Les tables de la lune n'en ſont pas d'ailleurs encore ſuſceptibles ; enfin il faut qu'on le ſache, & il importe de le dire, la connoiſſance de la longitude qui eſt moindre que le tiers ou la moitié d'un degré , eſt , ſinon inutile , du moins de peu d'importance au navigateur ; pourvu qu'il la connoiſſe dans ces limites il peut, avec une bonne latitude, naviguer avec ſureté.

Notre collègue Lemonnier qui a de tout les tems mis un grand prix à l'étude des méthodes graphiques, les plus appropriées aux beſoins de la navigation, m'engagea particulièrement de m'en occuper ; j'imaginai en conſéquence un inſtrument qui donnoit la diſtance vraie au lieu de la diſtance apparente. Cet inſtrument eſt décrit dans un ouvrage qui a pour titre : *Recherches ſur la mécanique & la phyſique.* Cet ouvrage fut imprimé chez Barrois l'aîné en 1783 & l'inftrument fut exécuté par le citoyen Lenoir, qui demeure au dépôt. Il fut deftiné pour le voyage de Lapeyroufe; c'étoient des prifmes acromatiques qui détruifoient dans le fens de la hauteur, l'effet de la parallaxe & de la réfraction. Le citoyen Leguin préfenta long-tems après, l'ingénieux compas à quatre branches avec un rapporteur & une méthode qui rend infenfibles les erreurs de la divifion; cette favante méthode eft due à notre collègue Borda, qui en a donné la démonftration & l'ufage dans la connoiffance des tems; elle peut s'appliquer avec un égal fuccès à la majeure partie des méthodes graphiques. Il parut en 1790, à Londres, un volume de cartes qui renferme, fous un moindre volume, les grandes tables du favant docteur Spheperd. Ces cartes font d'un artifte nommé Margettes, & elles font d'un ufage fi commode que je cherchai, pour en diminuer le prix, avec un artifte habile & induftrieux, le citoyen Richer, de les faire imprimer au-lieu de les faire graver. Je fis à ce fujet une dépenfe affez confidérable en caractère d'un genre abfolument inconnu dans l'imprimerie. Ce travail ne put pas être achevé parce que je reçus les ordres de me rendre à Breft. Les cartes de Margettes coutent quatre à cinq guinées, & celles que je devois publier pouvoient fe donner au navigateur pour cinq francs. A cet époque l'académie des fciences voulut bien, fur l'expofé que j'eus l'honneur de lui faire, indiquer pour le prix de l'année 1790, fondé par le célèbre Raynal, la queftion fuivante:

Trouver pour la réduction de la diftance apparente de deux aftres, en diftance vraie, une méthode fûre & rigoureufe qui n'exige cependant dans la pratique, que des calculs fimples & à la portée du plus grand nombre des navigateurs.

Je n'entrerai dans aucun détail fur l'inftrument du citoyen Richer, qui a remporté ce prix; l'on fait qu'il eft fondé fur une méthode de notre collègue Lagrange, qui réduit en triangles rectilignes, les triangles fphériques. Des divifions inégales rendent cet inftrument d'une conftruction difficile & d'un prix au-deffus des moyens du commun des navigateurs, & quoique j'aie contribué à la perfection de cet instrument par des micrometres d'un genre nouveau, je suis forcé d'avouer qu'il faut encore beaucoup d'adresse & d'intelligence pour en faire usage. J'imaginai qu'un cercle brisé remplissoit mieux mes vues. Je fis construire par le citoyen Gourdain, un cercle d'un pied de diametre, brisé par le milieu & représentant deux rapporteurs. Ce cercle brisé présente tous les triangles sphériques formés par les complémens des hauteurs de la lune & du soleil, au-dessus de l'horizon, & un compas à verge, porté sur les extrémités des alhidades, donne la distance apparente, & indique par le procédé du citoyen Borda, la correction qu'on doit faire à la distance apparente pour obtenir la distance vraie (*).

J'étois occupé avec le Citoyen Demeuré, artiste habile & intelligent, & chef des ateliers des boussoles, à Brest, de mettre cet instrument à la portée des moyens pécuniaires du commun des navigateurs, lorsque le citoyen Maingon, lieutenant de vaisseau, me montra une carte trigonométrique, qui réduisoit en sept minutes la distance apparente en distance vraie avec beaucoup d'exactitude. Cette carte est fondée sur une formule de la nature des formules différentielles, car elle donne pour distance vraie, la distance apparente, plus ou moins, des quantités peu considérables, qui peuvent être représentées par de grandes échelles. Cette utile formule se déduit avec une extrème facilité, de la belle méthode générale du citoyen Lévêque, pour la conversion de la distance apparente en distance vraie. Ce que je dis ici n'affoiblit en aucune manière le mérite que le citoyen Maingon a eu de donner le premier, une formule qui fournit une foule de méthodes graphiques, plus ou moins commodes, plus ou moins appropriées aux besoins du navigateur. Tout ce qui se fera désormais à ce sujet, dirigera sur lui les obligations dont la marine lui est redevable (**).

Parmi cette foule de méthodes graphiques que les formules différentielles procurent, je présenterai à l'Institut celle qui me semble le plus à la portée du commun des navigateurs. Je ne me suis pas

(*) Le citoyen Lévêque m'a dit que le Lord Cambeil en avoit fait construire un semblable avec une grande perfection.

(**) Le Ministre Pleville s'est empressé de l'appeller auprès de lui pour faire graver la carte au dépôt.

attaché à une précifion trop rigoureufe ; j'en fens trop 'es inconvé-
niens & l'inutilité : j'ai donc conftruit deux cartes, qui ne font
pas gravées, mais imprimées, comme celles que je projettois de
faire exécuter pour les cartes de Margettes. Ces deux cartes, que
je défigne fous la dénomination de P & de p, font des fonctions
de la parallaxe & de la réfraction. On en trouve la valeur lorfqu'on connoît la hauteur apparente de la lune, & fa parallaxe horizontale. Ces fonctions ne s'élèvent qu'à des minutes & des dixièmes de
minute ; elles fervent de rayon fur le quartier ordinaire de réduction.

1.º Pour trouver, par la carte P, le rayon qui fert avec l'arc de
diftance apparente de la lune au foleil, à donner fur le quartier le
cofinus de cette diftance en minutes & dixième de minutes.

2.º Le rayon qui eft donné par la feconde carte p, fert avec l'arc de
la hauteur apparente du foleil ou de l'étoile, à connoître fur le même
quartier la valeur du finus de cette hauteur en minutes & dixième
de minutes ; on retranchera enfuite le fecond produit du premier,
lorfque la diftance apparente n'excédera pas 90 degrés ; car, dans le
cas contraire, le cofinus de la diftance devient alors comme le fecond produit négatif. Il y a encore une petite correction à faire
à ce premier réfulat ; mais il m'a paru que cette correction ne va-
loit pas la peine de conftruire une carte ; une fimple table fuffit
pour cette fonction de la réfraction, qui fert auffi de rayon fur
le quartier pour former le finus en minutes & dixième de minutes
de la hauteur de la lune. Cette quantité eft toujours à ajouter au
précédent réfultat. Le nombre qui réfulte de l'addition & de la
fouftraction de ces trois produits en minutes & dixième de minutes,
repréfentera fur le quartier de réduction le finus de l'arc de la diftance apparente de la lune au foleil ou à l'étoile, & fervira par
conféquent à faire connoître en minutes & dixième de minutes le
rayon de cet arc. Or, ce rayon eft fenfiblement la correction à faire
à la diftance apparente pour la convertir en diftance vraie. Voici
la table qui donne fur le quartier ordinaire de réduction, la fonction
de la réfraction qui fert de rayon à la hauteur de la lune.

Hauteur apparente du soleil ou de l'etoile.	Fonction de la réfraction en minutes & dixième.
5°	9', 8
6	8', 3
7	7', 3
8	6', 4
9	5', 7
10	5', 2
11	4', 7
12	4', 3
13	4', 0
14	3', 7
15	3', 5
16	3', 3
17	3', 1
18	2', 9
19	2', 7
20	2', 6
21	2', 5
22	2', 4
23	2', 3
24	2', 2
25	2', 1
26	2', 0
27	1', 9
28°	1', 9
29	1', 9
30	1', 8
31	1', 7
35	1', 5
40	1', 3
60	0', 58
90	0', 57

Préfentons à l'Inftitut un exemple de cette méthode, dont il fent certainement déjà l'extrême fimplicité. Je le choifis dans mon ouvrage qui a pour titre : *Recherches fur la mécanique & la phyfique*.

Le 16 août 1771 , étant par la latitude fud de 22 degrés 15 minutes, & par 83°14 à l'orient de Paris à 3 h. 22′ de tems vrai, j'ai trouvé, avec un excellent fextant de Ramfden, la diftance apparente des centres de la lune & du foleil de 79° 18′ ; la hauteur apparente du centre de la lune étoit à cet inftant de 47°33, & celle du foleil de 43° 25′. La parallaxe horifontale de la lune étant de 58′, ma première carte P me donnera fur-le-champ pour fonction de la parallaxe & de la réfraction 40′, 5, & celle de la feconde table p fera de 56′, 9 minutes.

Enfin, par la table que je viens de donner, la fonction de la réfraction donnera, dans ce cas-ci, une minute & un dixième : ce font les trois rayons qui font néceffaires à l'opération. Ils donnent $+ 9′ — 39′ + 1 = — 29′$. C'eft le finus de la diftance apparente qui a pour rayon 30′ ; ainfi la correction fera, dans ce cas, de 30′, qu'il faudra retrancher de 79° 18′ ; ce qui fait pour la diftance vraie 78 ° 48. Le calcul fait dans mon ouvrage par la méthode du citoyen Borda, ne s'écarte que d'environ un dixième de minutes du réfultat obtenu par notre méthode graphique.

J'ai pris devant l'Inftitut une tâche bien pénible, celle de l'entretenir fi longuement des moyens de mettre des connoiffances, peu difficiles par elles-mêmes, à la portée des hommes les moins initiés dans l'étude des fciences exactes ; mais mon but fera rempli, s'il daigne prendre quelqu'intérêt à ce travail, qui a pour objet les progrès de la navigation ; & le falut du navigateur.

F I N.

De l'Imprimerie de PRAULT , quai des Auguftins, à l'Immortalité, N°. 44.

Présentons à l'Institut un exemple de cette méthode, dont il sent certainement déjà l'extrême simplicité. Je le choisis dans mon ouvrage qui a pour titre : *Recherches sur la mécanique & la physique*.

Le 16 août 1771, étant par la latitude sud de 22 degrés 15 minutes, & par 83°14 à l'orient de Paris à 3 h. 22′ de tems vrai, j'ai trouvé, avec un excellent sextant de Ramsden, la distance apparente des centres de la lune & du soleil de 79° 18′ ; la hauteur apparente du centre de la lune étoit à cet instant de 47°33, & celle du soleil de 43° 25′. La parallaxe horisontale de la lune étant de 58′, ma première carte P me donnera sur-le-champ pour fonction de la parallaxe & de la réfraction 40′, 5, & celle de la seconde table p sera de 56′, 9 minutes.

Enfin, par la table que je viens de donner, la fonction de la réfraction donnera, dans ce cas-ci, une minute & un dixième : ce sont les trois rayons qui sont nécessaires à l'opération. Ils donnent + 9′ — 39′ + 1 = — 29′. C'est le sinus de la distance apparente qui a pour rayon 30′ ; ainsi la correction sera, dans ce cas, de 30′, qu'il faudra retrancher de 79° 18′ ; ce qui fait pour la distance vraie 78 ° 48. Le calcul fait dans mon ouvrage par la méthode du citoyen Borda, ne s'écarte que d'environ un dixième de minutes du résultat obtenu par notre méthode graphique.

J'ai pris devant l'Institut une tâche bien pénible, celle de l'entretenir si longuement des moyens de mettre des connoissances, peu difficiles par elles-mêmes, à la portée des hommes les moins initiés dans l'étude des sciences exactes ; mais mon but sera rempli, s'il daigne prendre quelqu'intérêt à ce travail, qui a pour objet les progrès de la navigation ; & le salut du navigateur.

F I N.

De l'Imprimerie de PRAULT, quai des Augustins, à l'Immortalité, N°. 44.

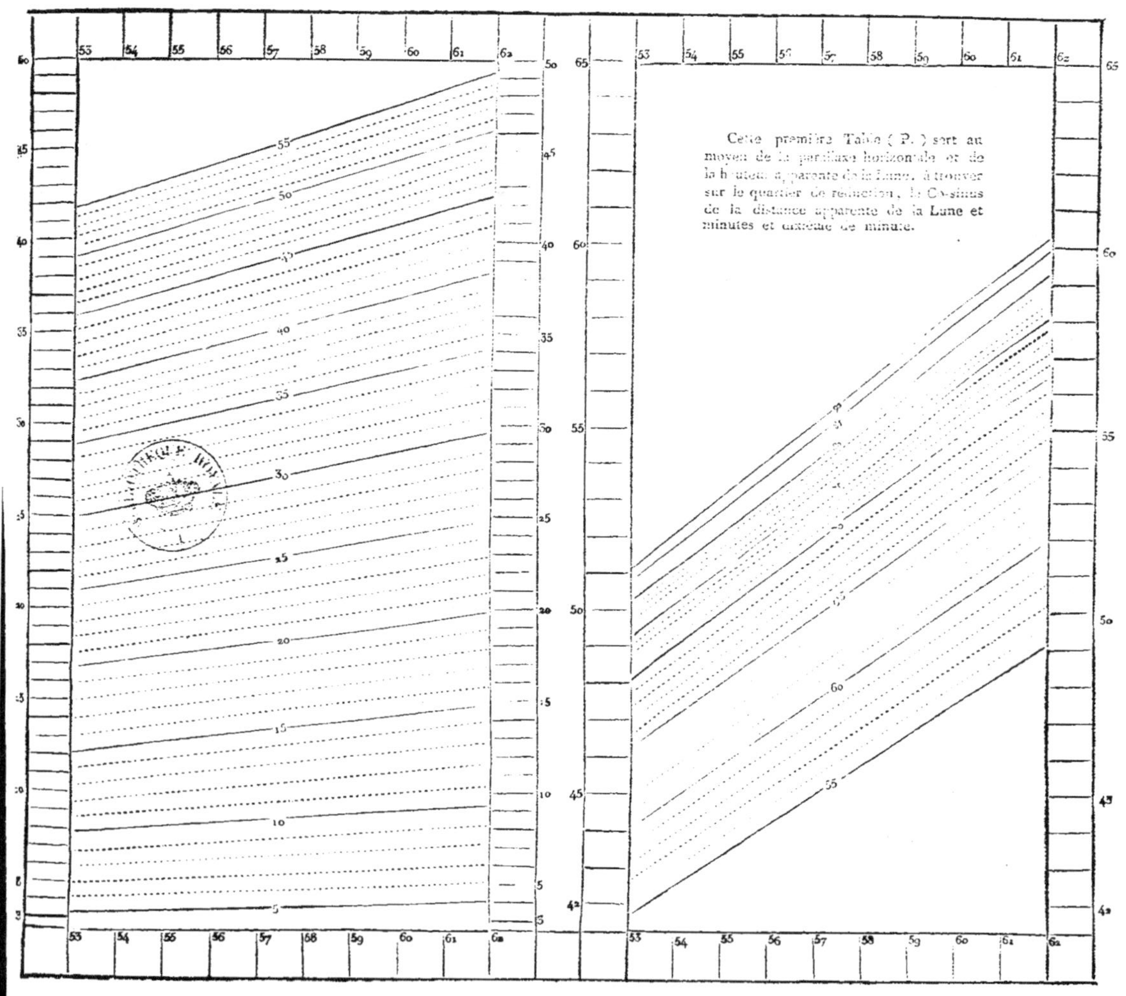

Cette première Table (P.) sert au moyen de la parallaxe horizontale et de la hauteur apparente de la lune, à trouver sur le quartier de réduction, le Cosinus de la distance apparente de la Lune et minutes et dixième de minute.

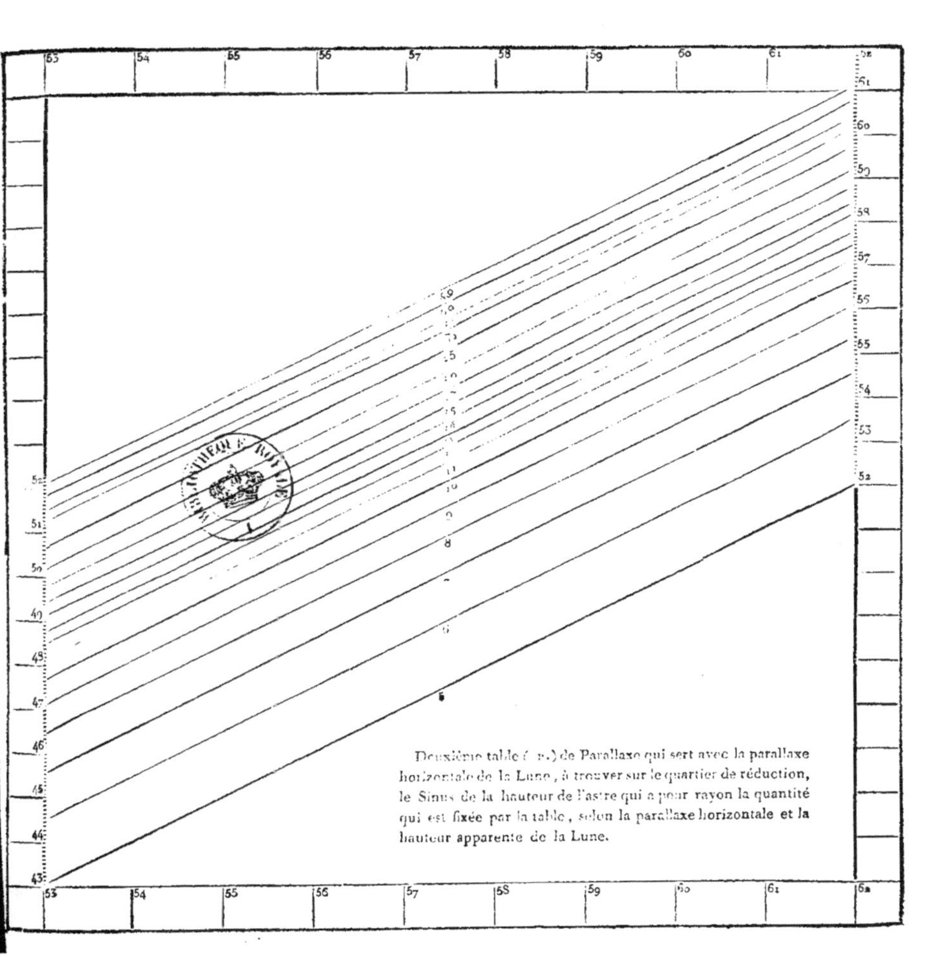
Deuxième table (n.) de Parallaxe qui sert avec la parallaxe
horizontale de la Lune , à trouver sur le quartier de réduction,
le Sinus de la hauteur de l'astre qui a pour rayon la quantité
qui est fixée par la table , selon la parallaxe horizontale et la
hauteur apparente de la Lune.